La Vigne

SA CULTURE ET SES MALADIES

PAR E. A. SPOLL.

AVANT-PROPOS

La France est encore le pays du monde qui produit le plus de vin. La récolte de 1893 a été de 50 millions d'hectolitres et celle de l'année suivante de 40 millions. On prévoit déjà, d'après les résultats accomplis dans la reconstitution de nos vignes, que notre pays produira dans quelques années plus de vin qu'elle en a jamais récolté et d'aussi bons vins qu'à aucune époque, grâce aux efforts intelligents de nos viticulteurs.

Il entrait dans le plan de cette collection de renfermer dans une de ses brochures des notions aussi complètes que le permet leur format et au courant des plus récentes découvertes de la science.

Nos vins, grâce à notre climat tempéré, à un sol favorable, ajoutons à une culture intelligente et à des procédés perfectionnés de vinification, dont il sera parlé autre part, sont les plus estimés du monde, nos raisins de table les plus délicats, les plus parfumés. Ce sont des qualités qui ne peuvent trouver de concurrence de la part d'aucun pays.

Nos vignes ont subi l'assaut de maladies nombreuses, indigènes ou importées de l'étranger, comme le phylloxera que nous devons à l'Amérique. Il était important, après avoir donné des notions indispensables sur la physiologie de la vigne et ses procédés de culture, de consacrer à ces maladies, causées le plus souvent par des insectes ou des champignons parasites, un chapitre spécial où elles fussent brièvement décrites, et dans lequel nous avons indiqué les moyens les plus efficaces de les faire disparaître.

Nous avons joint à ce chapitre, dont il est le complément nécessaire, le texte du décret du 26 décembre 1878 relati au phylloxera.

Nous avons la confiance que ce petit livre, lu avec attention, peut être également utile à ceux qui cultivent la vigne en vue de la production du vin ou du raisin de table. Nous n'avons eu recours pour écrire ces pages qu'à des autorités indiscutables, et nous nous sommes gardé de nous laisser entraîner par les séduisantes perspectives de méthodes nouvelles, que l'expérience n'a point consacrées, ou qui n'ont pas donné les résultats qu'on en attendait.

En résumé, la vigne se comporte comme les autres plantes ; elle exige pour prospérer un climat, une exposition, un sol, qui lui soient favorables, des soins intelligents, des engrais spéciaux qui restituent au terrain où elle est cultivée les éléments qu'elle lui a empruntés pour croître et fructifier. Elle se conduit en cela comme ses congénères du monde végétal.

Plus le viticulteur sera familier avec les phénomènes particuliers de sa végétation et avec les principes généraux de la physiologie végétale, mieux il saura diriger la vigne, qui, docile à ses volontés, le payera de sa sollicitude par une généreuse fécondité.

E. A. S.

DESCRIPTION — ORIGINE — HABITAT DE LA VIGNE

La vigne, type de la famille des Ampelidées, est un arbuste grimpant, à tige noueuse, munie de vrilles opposées aux feuilles. Celles-ci sont alternes, pétiolées, cordiformes, à trois ou cinq lobes sinués, parfois velues en dessous. Les fleurs petites, verdâtres, disposées en grappes, sont rameuses, le pédoncule opposé aux feuilles.

Le fruit est une baie affectant, selon les variétés, différentes couleurs : vert, jaune, noir, gris, rose, violet, etc. Les grains ronds ou ovales sont recouverts d'une fleur, comme la prune, sorte de poussière blanchâtre.

C'est à tort qu'on a longtemps prétendu que la vigne est originaire de l'Asie Mineure. Cette opinion ne peut plus se soutenir aujourd'hui où l'on s'accorde à penser que cette plante a dû exister — à l'état sauvage il est vrai — du 30e jusqu'au 50e degré de latitude nord, depuis l'apparition des végétaux d'ordre supérieur. Une preuve à l'appui a été donnée par M. G. Planchon dans des recherches faites il y a déjà quelques années aux environs de Montpellier, où ce savant trouva, parmi les couches géologiques des dernières révolutions du globe, les empreintes de vignes très nettement reconnaissables. Depuis, cette découverte a été confirmée par de plus récentes.

D'ailleurs, nos ancêtres, les Gaulois, ont toujours cultivé la vigne et se servaient déjà de tonneaux dont ils sont les inventeurs, alors que les Romains conservaient encore leur fameux vin de Falerne dans des jarres de terre ou des outres de peau de bouc.

En outre, nous connaissons à présent un grand nombre de races de vignes, très différentes entre elles, appropriées au climat où elles végètent et qui ont certainement une origine distincte. Actuellement la vigne, qui exige pour la maturité de ses fruits une certaine dose de chaleur, ne peut se cultiver utilement au delà du 53e degré de latitude boréale et en deçà du 35e, indépendamment des questions d'altitude dont il sera parlé plus loin.

LE VIGNOBLE

Choix du terrain. — Le choix du terrain est loin d'être indifférent; comme pour toutes les autres cultures il faut donner la préférence à celui qui paraît le plus favorable à la plante que l'on doit lui confier. Or, on a remarqué que les vignobles les plus célèbres sont généralement installés sur des terrains argilocalcaires et caillouteux. Les cailloux de silex ne fournissent, il est vrai, qu'un faible aliment à la terre, mais ils ont l'avantage de la rendre plus perméable.

Ils suffiraient même à la végétation de la vigne, si on lui fournissait les sels de potasse contenus dans la terre et dont elle a besoin pour fructifier. C'est une expérience de laboratoire bien connue.

L'exposition a aussi son importance, et l'on ne choisira pas le versant nord d'un coteau pour y planter son vignoble, sauf en Algérie. Pierre Dupont, le poète de la vigne, n'a-t-il pas dit :

Cette côte à l'abri du vent
Qui se chauffe au soleil levant,
Comme un vert lézard, c'est ma vigne.
Le terrain en pierre à fusil
Résonne et fait feu sous l'outil...

Cependant, dans les contrées où les gelées tardives sont à craindre, on devra préférer l'exposition du Midi, à son défaut celle de l'Ouest. Il faut également avoir soin d'éviter les vallées étroites où les gelées du printemps ne détruisent que trop souvent les bourgeons.

L'altitude a aussi une grande importance surtout à mesure qu'on s'avance vers le Nord. C'est ainsi que la vigne qui prospère dans l'île de Chypre jusqu'à 1.600 mètres au-dessus du niveau de la mer, ne dépasse pas sans inconvénients 1.400 mètres en Algérie, 480 dans la Côte-d'Or et 250 dans l'Ile-de-France.

Des cépages. — Le cépage est un des éléments qui ont le plus d'influence sur la quantité et la qualité du vin. C'est pourquoi chaque région vinicole a son cépage préféré.

Dans la Gironde, c'est le *Cabernet*, le *Côt* rouge pour les vins rouges, le *Savaguin* vert pour les vins blancs. En Bourgogne, le *Franc Pinot*, le *Trousseau* pour les vins rouges, le *Pinot* blanc, l'*Alygotey*, le *Morillon* blanc pour les vins blancs. Le *Pinot* noir et gris se plait dans la Champagne; c'est la petite *Sirah* qui donne les vins de l'Ermitage, le petit *Gamais* ceux du Beaujolais, le *Puisart* les vins d'Arbois, le *Pinot* noir et le *Morillon* blanc les vins de Touraine et d'Anjou, la *Clairette*, le *Muscat de Frontignan* et le *Malvoisie* ces vins parfumés de l'Hérault connus sous les noms de Lunel et de Frontignan.

Il est donc important de choisir l'espèce qui se plaît le mieux dans le pays où l'on veut établir un vignoble. Si la localité a été jusqu'ici exempte du phylloxera, on se trouvera bien de choisir des plants enracinés ayant deux années de pépinière; dans le cas contraire on emploiera des sujets américains greffés avec des cépages français, après les avoir trempés dans de l'eau à + 50° ou 55° pour détruire, s'il y a lieu, l'œuf d'hiver du terrible ennemi de la vigne.

Dans tous les cas il faut s'attacher à ne planter que des cépages de choix, car en France, ainsi que l'a dit M. Tisserand, l'homme éminent qui dirigeait notre agriculture : « Ce n'est pas tout de reconstituer notre vignoble; il faut assurer à sa production une supériorité qui lui garantisse des débouchés certains et toujours avantageux. La production va devenir de plus en plus grande, partout on s'occupe avec activité de plantations de vignes.

« Le marché est donc menacé d'encombrement; or, quand la marchandise abonde, ce qu'il faut avant tout, c'est de faire des produits de bonne qualité, toujours recherchés et obtenant toujours de bons prix, alors que les vins communs sont délaissés; il faut viser encore à faire des vins de qualité et de nature à refouler les vins étrangers, tels que les vins espagnols, les vins italiens et autres... »

Il y a lieu également, dans le choix des cépages, de planter des espèces fertiles dans des sols peu riches et les plus faibles au contraire dans les terrains plus favorisés.

Nous ne devons pas oublier quelques cépages orientaux, sur lesquels M. Guillon, de Montpellier, a publié récemment un important travail. Cultivés dans le Midi, principalement le *Muscat d'Alexandrie* ou *Malaga* et le *Dodrelabi*, ils peuvent donner des vins de dessert estimables.

Préparation du terrain. — Préalablement nivelé et assaini, le sol du vignoble doit être défoncé à la charrue à la profondeur de 40 centimètres au moins et fortement fumé, à raison de 40.000 kilos de fumier de ferme à l'hectare, ou, s'il y a avantage, de la quantité correspondante d'engrais chimiques.

On devra également tracer des chemins d'une largeur minimum de 5 mètres pour la circulation des voitures de l'exploitation.

Il y a avantage à exécuter ces opérations à l'automne et à enterrer profondément le fumier qui sera transformé en terreau assimilable au printemps lorsque la sève se met en mouvement.

Plantation. — L'époque la plus favorable est, suivant les régions, de février à fin mars avant que la plante commence à végéter. Si le terrain le permet, on orientera les plants du nord au sud ou suivant la ligne qui s'en rapproche le plus. La distance à observer dépend du mode de taille que l'on adoptera, de la nature du cépage et du climat. Cela revient à dire qu'on éloignera d'autant plus les cépages qu'ils seront taillés à plus long bois, d'une espèce plus vigoureuse et plantés dans un climat plus chaud. Le plus sage est encore, sous ce triple point de vue, de se conformer aux usages locaux, en ayant soin de prendre pour guides les propriétaires qui se tiennent au courant des progrès de la viticulture et non ceux qui s'obstinent en des habitudes routinières.

Si l'on plante des cépages ayant deux ans de pépinière on se servira de la pioche ou du hoyau, au moyen desquels on creusera des trous carrés de 25 centimètres de profondeur, ayant 30 centimètres de côté. Lorsque le cépage y est placé, on jette de bonne terre sur les jeunes racines auparavant enduites d'une bouillie assez claire composée de glaise, de bouse de vache et d'eau, on remplit avec de la terre et l'on tasse le sol avec le pied.

Quand on plante des boutures, on se sert d'un instrument spécial appelé *taranelle*, espèce de plantoir muni d'un étrier pour appuyer le pied. Dans les deux cas, on taille aussitôt le plant à deux yeux hors de terre.

M. J. Roy-Chevrier vante beaucoup les avantages de la plantation *à la fourchette*, opération moins coûteuse et plus expéditive que la mise en pépinière des greffes-boutures dans des tranchées ouvertes à la bêche. Voici comment il recommande de procéder :

La *fourchette*, appelée aussi *pied de biche*, à cause de son extrémité inférieure incurvée et fendue comme le sabot de cet animal, est une mince tige d'acier de 25 à 30 centimètres de longueur, surmontée d'un manche horizontal en bois commode à saisir. Avec cet instrument on introduit les boutures dans le sol et on les y scelle avec beaucoup d'aisance et de rapidité. Un habile ouvrier peut ainsi planter cinq cents greffes dans sa journée.

Les résultats obtenus par ce mode de plantation, qui a l'avantage de ne pas remuer le sol ont dépassé toutes les attentes. Non seulement les plantations ainsi faites ont été rapidement effectuées, mais elles se sont montrées par la suite plus vigoureuses que celles faites péniblement à la pioche.

Tous les terrains se prêtent à ce genre de plantation et il faudrait un extraordinaire excès de pierraille, pour ne pas permettre à la fourchette d'asseoir solidement le talon de la greffe.

Taille de la vigne. — On appelle taille une opération qui consiste à supprimer certaines parties de la plante, dans le but d'augmenter sa fructification et de lui donner une forme déterminée. La taille diffère suivant la nature des ceps et la forme à atteindre. Ajoutons qu'il y a des méthodes rivales.

On emploie pour tailler la vigne la serpette, une scie spéciale qui sert à enlever le bois mort, et le sécateur ; quelle que soit la longueur de la taille elle doit se faire sur la cloison de l'œil placé au-dessus de celui qui doit donner le bourgeon.

Nous avons dit en parlant de la plantation que le cep était toujours taillé à deux yeux hors de terre. Deux bourgeons sont nés. Au bout d'un an ces bourgeons ont atteint une taille moyenne de 50 centimètres. On coupe le plus droit à 25 centimètres au-dessus du sol et l'on supprime l'autre. Au moyen d'un tuteur on assure la verticali[illegible] du premier et l'on y attache les branches issues des [illegible]ons. On ne s'occupe de la charpente du cep qu'à sa [illegible] taille.

Relativement aux formes à adopter, il [illegible] faire observer que plus on donnera d'extension à la forme, plus longtemps vivra la plante, plus elle fructifiera.

Parmi les nombreuses formes en usage, il y en a deux principales : la taille courte ou à *courson* et la taille à long bois. La première s'emploie pour les espèces fertiles telles que le *Gamay*, la seconde pour les espèces vigoureuses comme le *Côt* rouge.

Dans la taille à courson, ou taille courte, le cep se compose d'une tige verticale de 30 centimètres de hauteur environ, se divisant à son sommet en 3, 4 ou 5 bras, selon la vigueur du plant, et espacés aussi régulièrement que possible. En Languedoc et en Touraine on laisse libres les pousses, mais plus ordinairement elles sont maintenues dans une direction verticale au moyen d'un cerceau.

Il y a beaucoup de systèmes pour les tailles à long bois, les tailles Guyot, Cazenave, Mesrouze. Ce sont des systèmes de culture visant à développer sur le cep son maximum de production et à le faire mieux résister aux gelées.

La taille Guyot demande un espacement de 1 mètre à 1 m. 20 entre les ceps. Chacun est taillé à une seule branche fruitière menée horizontalement jusqu'au cep voisin le long d'un fil de fer galvanisé placé à 25 ou 30 centimètres du sol, et à un courson qui donnera la branche fruitière et le courson de l'année suivante. Courson se dit d'un sarment taillé et réservé pour la production ultérieure du fruit.

Les deux sarments produits par le courson et la branche fruitière seront dressés le long de l'échalas et rognés à la hauteur de 1 m. 25. C'est l'un des deux qui fournira le bon bois pour la taille prochaine.

Les sarments nouveaux de la branche fruitière sont pincés après la floraison et relevés sur un second fil de fer tendu à 30 centimètres au-dessus du premier. On supprime ensuite les sarments stériles. Cette méthode appliquée avec certains tempéraments nécessités par le climat, l'exposition, la nature du cépage, etc., donne de bons résultats. On a remarqué que les sarments les plus élevés résistaient mieux aux gelées tardives que ceux qui végètent plus près de terre.

Se fondant sur cette observation, M. Cazenave conduit sa vigne en cordons également horizontaux mais palissés sur trois fils de fer superposés.

Le premier fil de fer est élevé de 35 à 50 centimètres au-dessus du sol, suivant que l'exposition fait moins prévoir la gelée, comme celles du Sud et de l'Ouest, ou la fait craindre davantage, comme celle de l'Est.

Chaque cep ne forme, jusqu'au cep voisin, qu'un cordon sur lequel on laisse se développer de 5 à 7 moignons où l'on taille chaque année, sur le bois de l'année précédente, un courson à 2 yeux et un sarment à 6 ou 8 yeux. Ces sarments, dirigés suivant une ligne oblique, sont liés au second fil de fer à 40 centimètres au-dessus du premier. Les deux pousses de chaque courson sont rognées à la hauteur de ce second fil de fer; ils donneront le courson et la branche fruitière de l'année suivante. Les 6 ou 8 pousses de cette dernière sont relevées suivant une perpendiculaire et rognées au troisième fil de fer. Chaque année le sarment est supprimé et renouvelé par le sarment supérieur du courson de retour et la floraison ; on pince les sarments qui portent fruit et l'on enlève les autres.

Selon la méthode Mesrouze, les ceps sont espacés de 4 mètres sur la ligne et les lignes de 1 mètre, distance suffisante pour le passage de la charrue.

Le cep est conduit sur deux cordons horizontaux à droite et à gauche, de chacun 2 mètres de longueur. Vers la sixième année, une fois les cordons bien établis, on ne laisse se former sur chacun d'eux que quatre moignons, régulièrement espacés. Sur chacun on taille tous les ans, selon le système précédent, un courson de retour et un sarment à six yeux que l'on courbe en arc de cercle pour l'attacher sur le cordon, entre deux moignons. Les sarments nouveaux issus des coursons et des sarments à fruit sont relevés et attachés sur le fil de fer supérieur. Pincement, ébourgeonnement et rognage comme dessus.

M. Mesrouze dit avoir obtenu, en suivant cette méthode, jusqu'à 150 hectolitres de vin à l'hectare. Son système d'ailleurs, basé sur un raisonnement fort juste, doit réussir lorsqu'il aura reçu la consécration du temps.

Les vignes en chaintres, c'est-à-dire rampant sur le sol, sont une très ancienne méthode de culture, qui se pratique beaucoup en Orient, en Grèce surtout. Nous y avons vu des sarments se prolongeant sur plusieurs mètres. Ce système demande l'application de la taille à long bois, mais il semble inapplicable là où les gelées printanières sont à craindre.

Sulfatage des échalas. — Excellente précaution contre les parasites. Pour sulfater les échalas, on fait dissoudre à chaud 2 kilogrammes de sulfate de cuivre par hectolitre d'eau. On porte cette eau à la température de 60 degrés, et, dans ce bain, qui peut être contenu en un vieux fût, on range verticalement les échalas. On les retire après vingt-quatre heures et on les fait sécher à l'ombre sans les *débotteler*. Le bain doit marquer 5 degrés à l'aréomètre Baumé. Le sulfate de cuivre coûte 1 fr. le kilogramme. Les échalas ainsi préparés durent, en outre, dix fois plus longtemps que les autres et résistent mieux à la sécheresse.

Palissage. —Il se fait aussitôt après la taille d'hiver. Le palissage fixe en ligne et en fil de fer galvanisé est le meilleur et le plus économique, selon le Dr Guyot, en adoptant le système de palissage de la maison V. Thiolon et L. Mariette, exposé au concours agricole de 1896. Le piquage, l'enlèvement, l'épointage des échalas mobiles est long et coûteux ainsi que son entretien. L'expérience a prouvé que les palissages en fil de fer sont la meilleure méthode à employer. Il faut, au commencement du printemps, les visiter et les réparer, s'il y a lieu, ainsi que les poteaux de soutènement et les appareils de tension.

L'ébourgeonnage. — Il doit avoir lieu dans la première quinzaine de la végétation. L'époque en varie donc suivant les climats. L'opération consiste à enlever à la main les bourgeons sortis du vieux bois, ceux qui ne portent pas de fruit, excepté les coursons destinés à la taille de l'année suivante. Elle a pour but d'éviter que la sève ne se perde en des pousses inutiles.

Le pincement. — Le Dr Guyot le définit ainsi : « Le pincement, qui consiste à supprimer, à deux ou quatre feuilles au-dessus de la plus haute grappe, la cime des bourgeons à fruit, se pratique en même temps que l'ébourgeonnage et ne doit pas s'appliquer aux bourgeons à bois destinés à la taille prochaine. Il a pour objet et pour effet de concentrer la sève au profit des fruits et d'empêcher la coulure. Il peut être pratiqué et répété jusqu'à la fleur, mais au delà il serait dangereux de détruire les repousses du sommet, qui assurent la montée de la sève nécessaire à la nourriture du raisin.

Greffage de la vigne. — Cette opération se fait au printemps. « La greffe, dit M. Du Breuil dans son *Cours d'arboriculture*, est fréquemment employée dans les vignobles ; elle a pour but de remplacer le cépage d'un vignoble par un autre qui lui est préférable ; parfois de cultiver dans un sol certains cépages qui ne s'accommodent pas de ce terrain ; enfin, par la greffe, on peut prolonger la durée des ceps avant qu'ils aient atteint la dernière limite de leur décrépitude. Le moment à choisir pour cette opération est celui où la vigne entre en végétation. De plus, on ne devra pas oublier, au moment du greffage, que les sarments qui servent de greffons doivent toujours être dans un état de végétation moins avancé que la souche à greffer, qu'il est toujours préférable que la base du greffon soit enterrée. »

Il y a cinq sortes de greffes : la greffe en fente-provins ou *en sauterelle*, qui s'emploie un peu partout ; la greffe en fente simple, spéciale au département de l'Hérault ; en fente-bouture, qui se pratique dans l'Anjou ; par approche-bouture, usitée dans le Cher ; et enfin la greffe anglaise, la plus perfectionnée, osons dire la plus à la mode.

Résumons ce qu'a dit de cette dernière un savant viticulteur.

De même que pour faire un civet il faut un lièvre, pour opérer la greffe anglaise, il faut un bon greffoir, qu'il soit de Petit, de Guillebot ou de Prades, encore que le premier soit le plus répandu, et d'ailleurs excellent. Il faut encore de l'adresse. L'école de Montpellier décrit ainsi la greffe anglaise : « Le sujet est taillé en biseau au niveau du sol, au moyen d'une serpette ou d'un couteau spécial (greffoir), puis refendu verticalement vers le tiers de son diamètre. Le greffon taillé de la même manière, les languettes sont mutuellement engagées dans les fentes, avec la précaution de faire coïncider les écorces le mieux possible — au moins d'un côté, car il peut arriver que le greffon soit d'un diamètre plus faible que le sujet. Les parties sont ensuite maintenues en contact à l'aide d'une ligature fortement serrée. » Afin d'aider à la compréhension de cette définition, nous prierons le lecteur de se reporter à la figure 1.

Le porte-greffe *A* est taillé en *z*, *l*, *a*, *g*; le greffon en *g*, *a*, *l*, *z*. Le zigzag central *l*, *a*, est formé par les deux biseaux qui s'accolent inversement dans les deux fentes, et dont la soudure représente un N, le bois de l'angle inférieur appartenant au porte-greffe et le bois de l'angle supérieur appartenant au greffon. Il n'y a qu'à observer la ligne de soudure pour constater qu'une main sûre doit tailler le porte-greffe, comme le greffon, en cinq coups de greffoir.

Fig. 1.

Contrairement à ce qu'avance l'école de Montpellier, il est presque indispensable pour la reprise que le sujet et le greffon soient d'égal diamètre. L'opération achevée on entoure la greffe d'une ligature fortement serrée, fil de chanvre ou de laine.

Il faut éviter de greffer la vigne quand le bois est mouillé.

Si la greffe anglaise est réputée la meilleure, il n'en est pas moins vrai qu'il faut encore donner la préférence à celle que l'on pratique le plus adroitement.

Les labours ou façons. —Dans les trois premiers mois de l'année on doit faire un premier labour sans déchausser les ceps,en se servant de la houe plate ou fourchue. Au point de vue de l'économie on se servira de la charrue à un cheval ou du scarificateur, qui permet d'accomplir le travail facilement et vite.

La deuxième façon s'effectue dès qu'on n'a plus à redouter les gelées du printemps. la troisième après la floraison et la quatrième après la veraison, c'est-à-dire quant le raisin a tourné. Enfin on doit donner une cinquième façon après la chute des feuilles. Cette dernière opération enterre les feuilles et détruit des mauvaises herbes.

Les engrais. — On a vu dans l'excellent volume de la collection, les *Engrais chimiques*, par M. E. Roux, quels sont ceux qui conviennent à la vigne, en suivant ce principe qu'il faut rendre au sol ce que la plante lui a pris. Ajoutons que les débris organiques, les chiffons de laine, la terre franche et surtout les vinasses des distilleries jointes à du superphosphate constituent de bons engrais de la vigne. On doit les répandre à la fin de l'hiver et les enfouir avec le premier labour.

LA VIGNE EN ESPALIER

L'exposition des espaliers. — L'exposition la plus favorable pour les vignes en espalier est celle de l'Est, car en espalier la vigne a moins à craindre les gelées tardives; celle du Midi a quelquefois l'inconvénient de rôtir les grains. Cependant on devra la préférer pour les variétés méridionales à peau épaisse, qui mûrissent difficilement dans la région au nord de la Loire. L'exposition à l'Ouest peut encore être choisie; jamais celle du Nord.

Du choix des cépages. — Il y en a une telle quantité, et des plus recommandables, que nous devrons nous borner à désigner les meilleurs et, en même temps les plus connus.

Parmi les Chasselas, ces rois des raisins de table, nous citerons celui de Fontainebleau, et singulièrement de Thomery, qui a rendu célèbre le nom de Rose Charmeux; le chasselas rose de Falloux, le gros Coulard et le Chasselas violet ou Tokay. Tous les quatre arrivent à maturité en septembre, le denier à partir du 15.

Dès le mois précédent on a pu cependant jouir des variétés précoces si estimables de Saumur, de Mouillon ou Madeleine, de Malingre et de Courtiller.

Les Muscats se divisent en Muscat blanc, du Jura, noir et d'Alexandrie ou Malaga, pour les variétés les plus recherchées. Nous citerons encore parmi celles dont le goût est le plus fin ou l'apparence plus belle, le Gronnier du Cantal, le Côt, le Malvoisie blanc et le Frankental.

Les murs. — Le fait d'être adossée à un mur dont la réverbération élève la chaleur, constitue pour la vigne la culture en espalier, réservée aux raisins de table. Ces murs doivent avoir 3 mètres de hauteur et être couronnés d'un chaperon en tuiles, légèrement en pente et faisant saillie de 15 centimètres environ.

Quant aux treillages en bois, on y a renoncé depuis longtemps et on leur a substitué des fils de fer galvanisés n° 15, tendus horizontalement, le plus bas à 30 centimètres du sol et les autres espacés de 25 centimètres.

Plantation. — On se sert, pour la plantation de vignes en espalier, de boutures ayant deux années de pépinière ou de marcottes (voir plus loin) chevelées d'un an. Des deux sarments que présente le plant on ne laissera que le plus vigoureux. On peut pour la plantation creuser pour chaque plant une fosse ou bien une tranchée continue, si les plants sont relativement rapprochés. Le trou doit avoir 40 centimètres dans les terrains ordinaires, 30 seulement dans les sols humides, et 65 de largeur, on rejette en avant du mur la terre enlevée à laquelle on mélange du terreau.

M. le Dr Guyot a remarqué que, plantée seulement à une profondeur de 20 centimètres, la vigne produit au bout de deux ans, après trois ans si elle est à 30 centimètres et la quatrième seulement lorsqu'elle se trouve à 40 centimètres.

Il ne faut pas placer la souche près du mur, mais à une distance de 40 à 50 centimètres quitte à courber le sarment pour l'attacher au treillage. Dans les terrains frais, au contraire, il y a avantage à planter les vignes au pied même du mur. La taille se fait à deux yeux au-dessus du sol.

Des formes des treilles. — La vigne en espalier n'est réellement cultivée que sur deux formes : les *palmettes* simples et alternes et les cordons horizontaux ou forme à la Thomery.

La conduite en palmettes est facile. Les plants doivent être espacés d'environ un mètre. La formation s'effectue en taillant sur trois yeux, à partir de 25 centimètres au-dessus du sol pour obtenir deux coursons latéraux et un bourgeon de prolongement. « Les coursons, ajoute M. Henri Loiseau dans sa *Culture pratique de la vigne*, doivent correspondre l'un au-dessus de l'autre avec un intervalle de 20 centimètres. Pour obtenir une tige bien droite, on emploie un artifice qui réussit très bien ; il consiste à tailler à trois ou quatre yeux au-dessus de l'œil destiné à continuer la tige, puis à arquer ce bout de sarment du côté opposé à l'œil combiné, en maintenant celui-ci dans une direction perpendiculaire à la portion de tige déjà formée. » Pour garnir un mur à la hauteur de 3 mètres avec la forme en palmettes, il faut neuf années depuis la plantation. On abrège de deux ans avec la disposition des palmettes alternes (v. fig. 2).

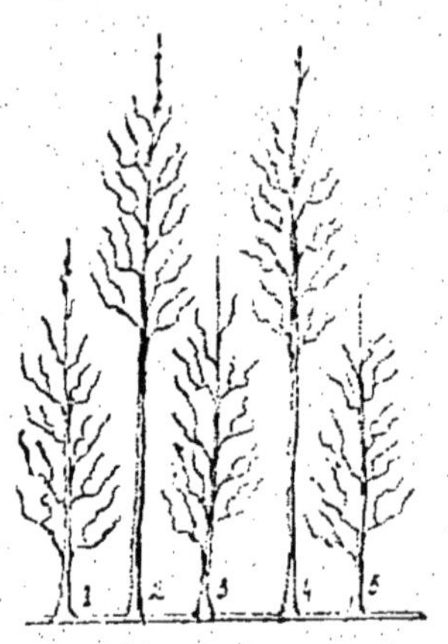

Fig. 2.

La conduite en cordons horizontaux, dite à la Thomery, (v. fig. 3) est celle où les ceps sont conduits de façon à former des cordons horizontaux partant en T du sommet de chaque tige. Les ceps sont espacés de 40 à 50 centimètres et les cordons superposés avec un égal intervalle. On n'établit les coursons que sur la partie supérieure des T.

Nous allons suivre, pour décrire cette méthode, les indications si lucides de M. Edmond Couturier dans ses articles récents sur les vignes à la Thomery.

Chaque cep, dit-il, formant un cordon et les cordons étant espacés de 40 à 50 centimètres entre eux, il faut pour garnir dans toute sa hauteur une partie d'un mur, autant de ceps qu'il y a de fois 40 ou 50 centimètres dans cette hauteur. On répète donc cette disposition pour garnir un mur dans toute son étendue autant de fois que cette étendue le permet.

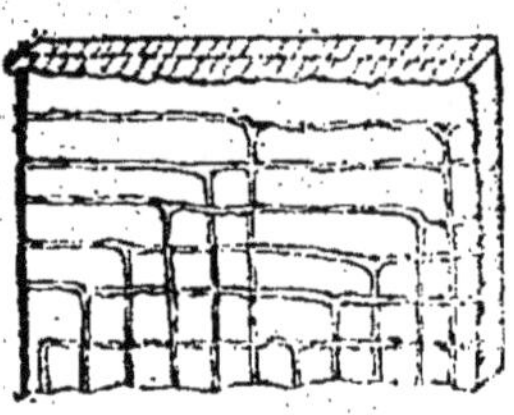
Fig. 3.

Par exemple, pour des murs de 2 m. 50 d'élévation, hauteur ordinaire, on établit cinq cordons. Il y a donc cinq ceps par chaque partie. On les espace de 50 centimètres et l'on forme le premier cordon à 40 centimètres du sol. Le second est à la même distance du premier, le troisième également à 40 centimètres du second et ainsi de suite. De cette façon, lorsque la treille est complètement établie, les bras des T ont chacun 1 m. 25 d'étendue.

Si la hauteur du mur permettait de former un cordon de plus, les bras auraient alors 1 m. 50 de chaque côté du T.

Il n'y a pas d'ordre absolu pour l'établissement de ces cordons. Le premier cep peut aussi bien former le premier que le dernier cordon, et les autres de même. L'ordre qu'ils ont dans la plantation peut correspondre à l'ordre des cordons ou être interverti. Mais ce qui est absolu, c'est que l'ordre de chaque série corresponde à celui de la première pour que les cordons qui sont à la même hauteur puissent avoir entre eux la même étendue. Pour la beauté de la treille les T doivent être formés avec une grande régularité. L'opération se fait indifféremment lors de la taille en sec ou en pleine végétation.

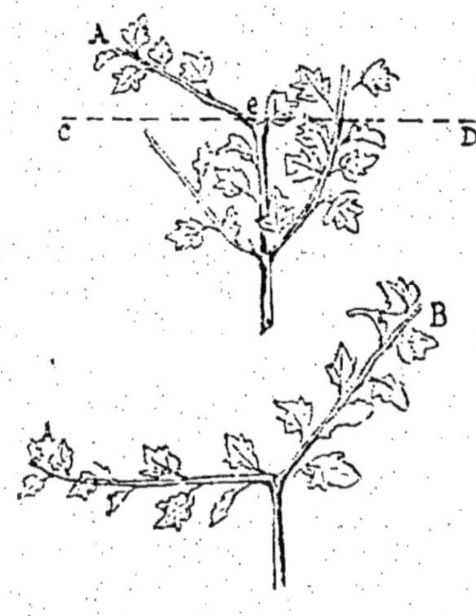

Fig. 4.

Pour cette dernière voici comment on procède :

La formation s'obtient sur le produit d'un œil terminal A qui s'est développé à 20 centimètres au-dessous de la ligne C D, qui se trouve à la hauteur du cordon voulu. Aussitôt que le bourgeon A s'est un peu développé, on le palisse suivant une perpendiculaire, sans le serrer. Dès qu'il a dépassé de 30 à 35 centimètres la hauteur de la ligne C D, où on établit le cordon, on choisit sur le bourgeon l'œil inférieur le plus rapproché de cette ligne, soit l'œil E, et l'on courbe le sarment A qui se trouve au-dessus de lui du côté opposé à l'œil E destiné à fournir un bourgeon pour constituer un bras, de façon que cet œil se trouve au sommet de l'angle que l'on fait avec le bourgeon A. L'œil E se développera alors en un bourgeon anticipé qui, la même année, donnera la deuxième branche du T, ainsi qu'il est représenté à la figure 4. Lorsque les feuilles tombent les deux bourgeons doivent être à peu près de même force, si l'on a pris soin de pincer celui qui végéterait plus vigoureusement que l'autre. On les palisse alors tous deux horizontalement.

La taille. — Lorsque l'on peut craindre les gelées de printemps, on la pratique au milieu d'avril; dans le cas contraire on taille depuis le mois de février jusqu'à la fin du mois de mars.

On coupe le sarment fruitier au-dessous de deux yeux, en y comprenant celui de la base. Il naitra de ces deux yeux un nombre égal de bourgeons, dont l'un, le plus près de la base, servira de remplacement pour l'année suivante et le second de branche fruitière, bien que tous deux puissent produire des grappes. C'est la taille ordinaire du Chasselas.

Quant aux variétés qui végètent vigoureusement, comme le Frankental par exemple, on les taillera à quatre ou cinq yeux, mais l'on ne conservera que deux bourgeons, le plus rapproché pour le remplacement, et pour la production celui qui aura l'apparence la plus vigoureuse.

Les labours. — On doit bêcher le sol après la taille et avant que les yeux soient débourrés, surtout lorsque l'on n'a plus à craindre les gelées, l'humidité se dégageant plus abondamment d'un sol nouvellement résumé.

L'ébourgeonnement. — Cette opération, qui consiste à enlever les bourgeons inutiles, se fait lorsqu'ils ont atteint 20 à 25 centimètres de longueur, c'est-à-dire dès qu'on voit se former les grappes. On peut pourtant enlever, dès qu'ils paraissent, les bourgeons du vieux bois qui ne portent point de fruit.

Le soufrage. — Le soufrage ou les pulvérisations destinées à combattre les parasites s'effectuent aussitôt après la floraison.

Le palissage. — Il se fait lorsque les bourgeons ont atteint une longueur suffisante pour les appliquer sur le treillage ou les fils de fer. On se sert, pour les lier, de jonc ou de paille préalablement trempée dans une solution faible de sulfate de cuivre ou de fer. Les bourgeons sont délicats, on procédera avec précaution.

Les pincements. — Concurremment à l'opération du palissage, on pincera les bourgeons très vigoureux à deux feuilles au-dessus de la grappe formée. On pincera à 30 centimètres les faux bourgeons, à deux feuilles au-dessus de leur naissance pour les variétés faibles.

L'effeuillage et le cisellement. — L'effeuillage, qui a pour but de donner plus d'air et de soleil aux grappes, se fait en plusieurs fois; la nature ne procède pas par bonds, et un effeuillage trop radical peut avoir ses inconvénients. C'est lorsque le raisin commence à tourner que se pratique cette opération, qui ne se fait *jamais* pour les raisins noirs.

Le cisellement consiste à enlever sur les bourgeons les petites grappes à moitié avortées qui enlèvent de la sève aux autres, et à enlever à ces dernières les grains qui ne se sont pas développés. Cette opération ne s'effectue jamais pendant les heures chaudes de la journée.

Maturation et récolte. — On reconnaît que le raisin est mûr lorsqu'il prend une couleur jaune et se dore. Pourtant il y a un moyen plus scientifique, et partant plus certain, de s'assurer de la maturation des grappes.

Le grain du raisin contient trois principes colorants : la phyllocyanine, la phylloxantine et l'œnocyanine. La première correspond à la couleur jaune, la seconde à la verte, et la troisième à la rouge.

Or, à mesure que la maturation s'avance, la couleur verte diminue. Quand elle a tout à fait disparu, le raisin est mûr. Pour rechercher si ce principe vert existe encore dans le raisin qui, à l'œil, paraît mûr, on prend des peaux de raisins, on les pile, les presse entre deux feuilles de papier non collé, et on les jette dans une éprouvette de verre avec quatre fois leur volume d'éther. Si le liquide devient vert, la maturation est incomplète, jaune verdâtre, elle est très avancée, enfin, d'un jaune franc, elle est complète.

La vigne demande 2.300 à 3.000 degrés de chaleur, depuis la veraison jusqu'à la récolte. D'après les observations de M. Roger d'Epernay, l'ouverture des bourgeons a lieu en mai dans les environs de Paris pour les vignobles; pour les treilles, elle a lieu en avril. De l'ouverture du bourgeon à la floraison, il s'écoule de vingt-cinq à trente-deux jours.

De la floraison à la maturité, le raisin doit recevoir

1.926 degrés de chaleur diurne. M. de Gasparin a remarqué que le raisin cesse de mûrir quand la température moyenne diurne descend au-dessous de 12° 5. L'intervalle qui sépare la floraison de la maturité varie de cent quatre à cent quinze jours.

La récolte du raisin se fait le matin ou après le coucher du soleil. Il faut avoir soin d'enlever les grains avariés.

Conservation du raisin. — Il y a différentes méthodes, la meilleure est celle qu'on applique avec le plus de soin.

On peut suspendre les grappes à une tringle horizontale, les couper avec un morceau de sarment, qu'on mettra tremper dans des flacons avec de l'eau et du charbon de bois pulvérisé. Il est essentiel que la pièce où l'on conserve le raisin ne reçoive pas les rayons du soleil et soit exempte d'humidité.

MULTIPLICATION DE LA VIGNE

Il y a quatre manières de multiplier la vigne : par bouture, par marcotte, par greffe et par semis.

Boutures. — Les boutures sont des sarments sans racine, de 50 centimètres de longueur, que l'on a pris sur des ceps bien portants, et choisis de préférence parmi ceux qui ont porté fruit. Ils doivent être coupés et non cassés. Si l'on ne doit pas les employer sur-le-champ, on en fait des bottes que l'on pose à plat dans un trou de 50 centimètres de profondeur, que l'on recouvre de sable, puis de la terre qu'on a enlevée, de façon à former un monticule. Si les sarments viennent de loin et sont un peu ridés, on les met tremper dans l'eau pendant trois ou quatre jours, et on les enterre ensuite. Cela s'appelle les *stratifier*.

On fait deux sortes de boutures : celles à bois simple et celles à *crossettes*. Ces dernières, dont la reprise est la plus facile, sont celles auxquelles on a laissé un morceau de bois de l'année précédente, que l'on taille pour n'en laisser que la nodosité, amas de tissu cellulaire, qui aide à la sortie des

rossettes ont de cinq à six yeux ; on les enterre

jusqu'à l'avant-dernier, qui doit être à ras du sol, le dernier seul hors de terre.

Le sol ayant été préalablement retourné, l'opération se fait vers la fin de mars, et l'on a soin d'appuyer fortement sur la terre tout autour du pied.

Les marcottes. — La vigne se reproduit très facilement par ce moyen. Voici comme M. Gressent, l'habile professeur d'arboriculture, recommande de procéder :

On plante un pied de vigne vigoureux ; on le fume copieusement et, lorsqu'il est bien enraciné, on le recèpe à 30 centimètres du sol. Pendant l'été, on choisit sur la souche cinq ou six bourgeons vigoureux, et l'on supprime les autres ; les bourgeons anticipés et les vrilles sont supprimés ; on palisse les bourgeons sur des échalas, et l'on en pince l'extrémité lorsqu'ils ont atteint la longueur de 1 m. 20 à 1 m. 50.

L'année suivante, au printemps, on supprime les sarments faibles, s'il y en a, pour ne conserver que les vigoureux ; on ouvre des rigoles, profondes de 25 centimètres environ, autour de la vigne, et l'on y couche les sarments ; on les y fixe solidement avec des crochets en bois, et l'on recouvre de terre en ayant soin de relever l'extrémité du sarment, que l'on fixe sur des échalas. Cela fait, on taille sur deux yeux hors de terre. Il se développe pendant l'été deux bourgeons vigoureux ; on supprime les vrilles et les bourgeons anticipés, et on les attache aux échalas.

A la fin de la saison, la partie couchée est enracinée ; on sèvre la marcotte, on la coupe au ras du tronc, et on l'arrache pour la planter à demeure.

M. Gressent préfère la plantation d'hiver, lorsque le temps le permet, à celle de mars.

On donne le nom de *provignage* à l'action de coucher un sarment à l'endroit où il doit croître et vivre, ce qui s'effectue beaucoup dans les vignobles ; les sarments obtenus de cette opération s'appellent des *provins*.

Il y a aussi le marcottage en panier où le couchage a lieu dans de petits paniers d'osier, qui sont enterrés dans la fosse près du cep et emplis de terreau ou de terre de compost — humus provenant de la décomposition végétale. —

Cette méthode permet le transport facile au moment de la déplantation et fait gagner une année sur les chevelées, boutures dont les racines sont à nu.

Le greffage. — Nous indiquons plus loin la méthode à employer; contentons-nous d'indiquer qu'il y a quatre systèmes de greffes principaux : la greffe en fente sur collet, celle en fente bouture sur racine, en approche sur tige et la greffe anglaise que nous décrivons en détail.

Les semis. — Les semis ne se font que pour obtenir des variétés nouvelles et sont peu usités dans la pratique. Indiquons toutefois qu'en semant sur couche et en élevant en pot on gagne quatre ans sur le semis en pleine terre.

LES MALADIES DE LA VIGNE

L'Anthracnose, le Black-Rot, la Chlorose, la Cochylis, le Mildew, l'Oïdium, le Phylloxera, le Pourridié, la Pyrale, l'Altise, l'Eumolpe, le Lopus.

L'Anthracnose. — Appelée, suivant les localités, charbon, rouille noire, carie, picontal, etc., l'anthracnose est une maladie depuis longtemps connue, puisque Pline l'Ancien l'a décrite, et qui tend malheureusement à se développer. Elle se présente sous trois formes : déformante, maculée ou ponctuée. L'humidité de l'atmosphère en favorise le développement. La maladie peut se développer depuis le moment où la vigne débourre jusqu'à la fin de la végétation. La forme *maculée* se reconnaît aux points bruns qui piquent les sarments encore herbacés, la ponctuée sévit surtout dans les vignobles humides et bas du Midi.

Certains cépages sont réfractaires à l'anthracnose, d'autres semblent plus particulièrement attaqués par cette maladie. Les premiers sont l'Espar, le Matarou, le Chasselas, le Petit Bouschet, le Durif, le Sauvignon, le Syrah, etc.; les seconds, les Mourastel, Œillade, Gamay, Alicante, Muscat, Jacquez, Grenache, Clairette, Cabernet, Côt, etc., etc. Les vignes anthracnosées sont sujettes à couler.

La cause de la maladie est un champignon parasite, le

sphaceloma ampelinum. Le seul remède sérieux est un traitement préventif. On profitera du repos de la végétation après la taille, pour badigeonner les souches à l'aide de solutions concentrées de sulfate de fer, additionné d'acide sulfurique. On détruit ainsi les germes qui se développeraient au printemps. Voici la formule de la solution donnée par M. P. Skawinski : Sulfate de fer 50 kilog., acide sulfurique — versé sur le sulfate — 1 litre, eau bouillante, 100 litres.

Le black-rot. — L'humidité accompagnée de chaleur est favorable au développement du black-rot. On le reconnaît à des taches lenticulaires de couleur marron sur les feuilles demeurées lisses. Des feuilles la maladie gagne le bois et la grappe. Le bois rongé jusqu'à la moelle se casse et la grappe se dessèche. Aux Etats-Unis, qui nous ont apporté cette nouvelle maladie avec le phylloxera, on considère cette maladie comme très grave.

Cependant les composés cupriques qui ont, en outre, l'avantage de protéger la vigne contre le mildew, donnent des résultats assez satisfaisants. M. Georges Couasnon, si compétent dans la matière, conseille quatre traitements aux liquides cupriques et deux autres aux poudres sulfatées. La première application doit être faite quand les bourgeons auront 5 à 6 centimètres et les bouillies seront au moins à 3 0/0 de sulfate de cuivre.

Les bouillies. — Intercalons dans cette nomenclature rapide des maladies de la vigne et de leur traitement la formule des bouillies bordelaise et bourguignonne.

La bouillie bordelaise, la première en date, s'obtient en prenant de la chaux vive qu'on éteint; elle est alors délayée dans l'eau et mélangée à une solution de sulfate de cuivre. Les proportions pour les trois types de bouillie les plus usités sont les suivantes :

Sulfate de cuivre cristallisé	1.000 gr.	1.500 gr.	2.000 gr.
Chaux vive	340 gr.	500 gr.	670 gr.
Eau	100 lit.	100 lit.	100 lit.

On a reproché à la bouillie bordelaise de brûler les

feuilles ; le fait est exact et tient à la mauvaise qualité de la chaux vive employée. On évitera cet inconvénient en employant la bouillie bourguignonne qui diffère de la première en ce qu'on se sert de carbonate de soude au lieu de chaux pour décomposer le sulfate de cuivre. Les proportions de cette bouillie sont les suivantes :

Sulfate de cuivre cristallisé.	1 kilo
Carbonate de soude anhydre Salvay .	1 kilo
Eau	100 litres

La chlorose. — La chlorose ou jaunisse des vignes s'attaque surtout aux plants américains. Elle sévit dans les vignobles plantés dans un sol calcaire. On est pas bien fixé sur la cause de la maladie. Quelques-uns prétendent qu'elle vient du manque de fer dans le sol, d'autres de l'action du carbonate de chaux. Il y a peut-être du vrai dans les deux opinions. Et ce qui militerait en faveur de la première, c'est que la médication la plus efficace contre ce jaunissement de la vigne, c'est un badigeonnage en octobre — après une taille provisoire — des ceps chlorotiques, avec une solution saturée de sulfate de fer : 45 kilos pour 100 litres d'eau.

La cochylis. — Ce ver pernicieux, appelé teigne de la vigne autour de Paris, ver de vendange en Champagne, connu de Pline et de Columelle, est une chenille de 8 millimètres de longueur dont le corps passe du gris au rouge violacé. Il y a deux générations par an : les papillons d'avril-mai et ceux de juillet-août. C'est ce dernier qui pond sur le grain déjà formé et dont les chenilles perforent la pellicule du raisin pour se nourrir de sa pulpe.

La cochylis a été combattue par les traitements d'été et ceux d'hiver. Ceux d'été : huiles, émulsions diverses n'ont pas donné de résultats bien appréciables, mais le traitement d'hiver employé en Champagne est efficace lorsqu'on ne l'interrompt pas.

Les viticulteurs de ce pays ayant remarqué que la nymphe de la cochylis profite du moindre trou pour hiverner ont passé tous leurs échalas à la vapeur d'eau à plus de 100°, pendant un bon quart d'heure et ont ainsi détruit l'espoir d'une génération.

Pour les insectes à l'état parfait, c'est-à-dire devenus papillons, on les attire avec des lanternes pièges avec combinaison de cuvettes ou de toiles enduites de matières collantes : glu, goudron, etc., comme cela se pratique dans le Bordelais et le Beaujolais.

Il semble admis que l'emploi des corps gras est efficace dans la première génération, soit que l'on verse, comme M. Roy, de l'huile de colza dans les repaires soyeux de l'insecte, soit que l'on se serve, comme le conseille M. Degrully, de Montpellier, d'une émulsion de pétrole et savon, ou bien encore que l'on emploie, avec M. le docteur J. Dufour, de Lausanne, le savon noir mou délayé dans l'eau chaude et additionné de poudre de pirèthre.

Le mildew. — Encore une importation américaine, contre laquelle il faudrait invoquer la protection chère à M. Méline. Dès 1873, M. Maxime Cornu, professeur de culture au Museum, avait signalé les dangers que ce cryptogame — *pernospora viticolæ* — ferait courir à nos vignobles. Cinq ans plus tard, M. Planchon le reconnaissait sur des ceps de Jacquez et en peu d'années l'invasion fut générale, au point qu'en 1881, elle avait gagné l'orient de l'Europe.

C'est sur la surface inférieure des feuilles que l'on distingue les taches saillantes et blanchâtres de ce champignon, tandis que la surface supérieure opposée présente des taches brunes qui s'étendent et finissent par gagner toute la feuille Les raisins sont même atteints. Le traitement s'opère par les sels de cuivre, lorsque les pousses ont de 6 à 8 centimètres ; trois applications de bouillie bordelaise d'abord très hâtivement, puis de bouillie bourguignonne, pendant et après la floraison seront utilement employées. On préconise encore l'emploi de l'eau céleste, des ammoniures, des hydrocarbonates de cuivre, etc.

L'Oïdium. — C'est un peu avant 1850 que cette maladie de la vigne fit sa première apparition, ou du moins fut officiellement constatée. Dès le début, sur les indications de l'illustre chimiste J.-B. Dumas, MM. Duchartre et Hardy constatèrent l'efficacité de l'emploi, contre ce parasite, de la fleur de soufre, dont M. Marès détermina scientifiquement les effets. A partir de ce jour on put lutter victorieusement contre la maladie qui disparaîtrait sans la négligence des vignerons.

L'oïdium fait son apparition au début de la végétation. On distingue sur la teinte verte des jeunes pousses des taches blanches qui s'accroissent et exhalent une odeur de moisi. A l'aide d'un verre fortement grossissant, on voit un entrelac de filaments très ténus — le mycelium — sous l'influence duquel la vigne languit et noircit.

La cause est l'humidité si propice au développement des parasites végétaux; le remède, nous venons de le dire, des opérations de soufrage, pratiquées lorsque les pousses ont 6 à 8 centimètres, pendant la floraison et avant la véraison, c'est-à-dire le moment où le raisin devient transparent.

Le Phylloxera vastatrix (Planchon, 1868). — Outre les remarquables rapports de M. Tisserand, directeur de l'agriculture, et de M. Couasnon, inspecteur général, c'est aux beaux travaux de M. Balbiani, professeur au Collège de France, de M. Hennegui, préparateur au Collège de France, de M. Maxime Cornu, professeur de culture au Museum et enfin de M. Maurice Girard que nous empruntons la matière de cette notice sur le plus redoutable ennemi de la vigne.

Le *phylloxera vastatrix* ou phylloxera de la vigne, genre d'insectes hémiptères homoptères, est le type de la famille des phylloxeriens. Il se présente sous trois formes : 1° forme sédentaire, agame, aptère et rostrée, insecte dodu, renflé, d'un jaune brun, long de 3/4 de millimètre ; 2° les femelles de migration, agames ailées et rostrées ; elles sont pourvues de quatre ailes claires et irisées ; 3° les sexués, mâle et femelle, sans ailes ni rostre. L'œuf unique de la femelle sexuée est énorme comparativement à sa taille.

On admet aujourd'hui que cet insecte, dont la majeure partie de la vie se passe chez nous sur les racines de la vigne, menait originairement une existence toute aérienne, comme les autres espèces du genre phylloxera, et qu'il n'a pris que par une adaptation nouvelle l'habitude de vivre ainsi sur les racines.

Comment l'insecte a-t-il pris l'habitude de son double genre de vie aérien et souterrain? Voici à cet égard l'hypothèse formulée par M. Balbiani. En s'enfonçant sous terre, les premiers phylloxeras n'avaient probablement d'autre but que d'hiverner, et, ayant rencontré les racines de la vigne, ils s'y sont fixés. Ils se sont si bien trouvés de cette nouvelle condition qu'ils ne sont plus retournés aux feuilles au printemps, mais sont demeurés sur les racines et s'y sont multipliés.

Le savant professeur suppose que cette nouvelle habitude du phylloxera remonte à l'époque glaciaire qui, en amenant le refroidissement de notre climat et la défoliation périodique de la vigne, a forcé d'abord le phylloxera à se réfugier temporairement sous terre à chacune de ces périodes, avant qu'il prît l'habitude d'y vivre d'une manière permanente.

Ce qui n'avait été d'abord qu'un accident pour quelques individus est devenu plus tard une loi pour l'espèce, et peu à peu la vie souterraine a pris le dessus sur la vie aérienne. Seul, l'instinct de migration les rappelle périodiquement à la surface du sol d'où l'on voit s'élever à la fin de l'été ces essaims ailés qui se répandent de tous côtés et fondent de nouvelles colonies retrempées par l'accouplement. En un mot le phylloxera n'est devenu *radicicole* — qui loge sur les racines, par opposition à *gallicole*, qui loge sur les galles des feuilles — que par nécessité, c'est-à-dire pour échapper aux causes de destruction par le froid et l'absence de nourriture, et cet instinct s'est perpétué et fortifié par transmission héréditaire de génération en génération jusqu'à nos phylloxeras actuels.

Avec la vie souterraine un changement s'est opéré dans les propriétés physiologiques de l'insecte. Les larves ont perdu la faculté de se métamorphoser en insectes parfaits ou ailés et de devenir ainsi la souche d'individus dioïques — des deux sexes — et d'œufs fécondés. La production de ces derniers reste exclusivement dévolue aux insectes radicicoles, dont le genre de vie leur fournit la nourriture et garantit la pérennité de leurs colonies.

C'est une des causes de la prodigieuse multiplication du phylloxera, mais non la seule. La principale est son mode de reproduction. Sous sa triple forme de pondeuse radicicole, gallicole et d'insecte ailé, la femelle se multiplie sans le concours du mâle, par reproduction virginale ou parthenogénèse. De plus les ovaires des larves se composent de tubes ovifères nombreux dont chacun est le siège d'une production active de nouveaux ovules, qui arrivent rapidement à maturité et éclosent en quelques jours.

Ces causes expliquent pourquoi l'insecte pullule sur les racines de la vigne. Mais sa fécondité n'est pas indéfinie; elle est restreinte par un phénomène physiologique des plus intéressants : l'atrophie — appauvrissement — graduelle qui frappe l'ovaire dans les générations successives des femelles agames, — c'est-à-dire dont la reproduction se fait sans accouplement — et fait diminuer le nombre des tubes ovifères et partant la production des ovules. De 40 à 50 tubes que possède la femelle fondatrice, la femelle dioïque n'en a plus qu'un seul. Encore ne produit-elle que des êtres affaiblis, et, après plusieurs générations sans accouplement, l'espèce disparaîtrait fatalement par stérilité. Les expériences connues de Carlier et de Weijembergh ne laissent aucun doute à cet égard.

Presque aussitôt après l'éclosion, les individus des deux sexes, qui ne doivent vivre que quelques jours, se recherchent pour l'accouplement. Il a lieu sur les feuilles ou sous les lamelles enfoliées de l'écorce du cep, c'est-à-dire aux lieux mêmes où sont déposés les œufs des femelles ailées qui donnent naissance aux sexués.

Après la fécondation, les femelles qui s'étaient tenues sur les feuilles les abandonnent et descendent sur les parties ligneuses du cep. Elles s'introduisent sous l'écorce soulevée du bois de deux ans et de la souche, et meurent après avoir pondu leur œuf unique. Cet œuf fécondé demeure où il a été déposé pendant la saison froide et donne naissance au printemps à l'insecte désigné sous le nom de *phylloxera printanier* ou *mère fondatrice*.

On est peu fixé encore sur les premiers pas de l'insecte. Il paraît cependant que la nature du cépage influe sur la direction qu'il prendra. Naît-il sur un cépage américain, le *Riparia* par exemple, une grande partie au moins des nouveau-nés se dirigent vers les feuilles tendres de la vigne pour y fonder des colonies gallicoles. Sur nos vignes indigènes au contraire ils vont directement aux racines et ne reparaissent à l'air qu'aux époques de migration.

Des observations qui précèdent sur les mœurs du phylloxera, il découlait que si l'on pouvait détruire cet œuf d'hiver, principale cause de la contamination de nos vignes, on arriverait sinon à l'extinction totale de l'espèce, au moins à la réduire tellement que le petit nombre des individus ne pût être nocif. C'est pourquoi la direction de l'agriculture avait chargé M. Balbiani, professeur au collège de France et membre de la Commission supérieure du phylloxera, d'étudier cette importante question. Telle est l'origine des *Rapports* si concluants de ce savant et de M. Henneguy chargé d'une mission spéciale par le Ministère de l'Agriculture. Aux moyens d'action employés contre ce parasite de la vigne et dont nous parlerons plus loin, dans sa vie souterraine, on doit pour arriver à un résultat décisif joindre ceux qui l'attaquent dans sa vie aérienne, à l'état d'œuf d'hiver. Ces moyens sont variés : il y a le décorticage du vieux bois par le frottement des mains recouvertes de gants à mailles d'acier, et le traitement à l'eau chaude comme pour la pyrale ; mais ces deux méthodes ne donnent que des résultats très incomplets. Le remède qui réussit le mieux consiste en badigeonnages au moyen du mélange suivant :

Huile lourde de houille . . .	20	parties
Naphtaline brute.	60	—
Chaux vive	120	—
Eau.	400	—

Ce mélange inoffensif pour la vigne est adhérent, résiste à l'action de la pluie et, agissant longtemps sur l'œuf d'hiver, amène inévitablement sa destruction. Des subventions ont été accordées par le Ministère aux propriétaires qui ont voulu essayer ce traitement préventif, qui n'exerce aucune action nuisible sur la vigne et permet de supprimer un traitement souterrain tous les deux ou trois ans. On peut d'ailleurs badigeonner les boutures avant de les planter, ce qui permet, lorsque l'on établit des vignobles dans des terrains indemnes, de les préserver de l'invasion trop fréquente du phylloxera.

Les travaux souterrains contre le phylloxera consistent dans la submersion des plants lorsque les conditions du sol le permettent ou dans le traitement si connu par le sulfure de carbone et le sulfocarbonate de potassium.

De la dernière situation du vignoble français publiée par le Ministère de l'Agriculture, il ressort que sur 1.748.642 hectares de vignes en rapport que possède la France, il y a encore 620.000 hectares de vignes indigènes indemnes, qui constituent, à peu de chose près, nos grands crus, nos vignobles les plus renommés.

Le nombre des hectares de vignes contaminés et soumis à la submersion atteint 35.325 hectares; les insecticides sont appliqués sur 60.000 hectares environ, ainsi divisés pour le traitement : 52.452 hectares traités par le sulfure de carbone et 8.744 hectares par le sulfocarbonate de potassium.

C'est une lutte épique qui a été entreprise par la science contre le phylloxera, et si l'ennemi de la vigne n'est pas et ne sera jamais complètement extirpé, la victoire n'est pas moins brillante. Le vignoble français se relève avec une consolante rapidité; 663.214 hectares ont été reconstitués en cépages américains, dont la vigueur résiste mieux que nos cépages indigènes aux attaques de l'insecte ; et les pouvoirs publics ont puissamment aidé l'initiative individuelle qui a été remarquable. On est en droit de concevoir aujourd'hui les plus grandes espérances sur l'avenir de nos vignobles.

Du côté de l'Algérie la situation n'est pas moins satisfaisante. Le fléau qui a atteint il y a une douzaine d'années quelques points isolés des départements d'Oran et de Constantine où il a été contenu, a laissé celui d'Alger totalement indemne.

Le pourridié. — On a longtemps négligé ce champignon, parasite des racines de la vigne, décrit par Viala, dans son traité des maladies de la vigne, sous le nom de *Dematophora nécatrix*. Il nous suffira de dire comment on reconnaît sa présence et de quelle manière on peut la combattre.

Au premier abord, la manifestation de cette maladie sur la plante ne se distingue guère des autres : le cep languit, sa végétation est rabougrie, et au bout de deux ou trois années les souches attaquées meurent, si l'on n'a eu, dès le début, la précaution de déchausser le pied jusqu'à la naissance de la racine, où l'on perçoit clairement l'origine du mal à la vue des moisissures dont l'odeur est caractéristique.

Souvent cet état maladif provient de ce que le sol n'a pas été suffisamment ameublé, drainé; ou bien de ce qu'en plantant la vigne dans un terrain où se trouvent de vieilles souches on ne s'est pas aperçu qu'elles-mêmes, attaquées par le pourridié, pouvaient contaminer le nouveau plant. Les greffes même peuvent porter le germe de l'infection. La cause du mal en indique le remède ; il faut arracher le plant contaminé et assainir le sol.

Le pyrale. — Cet insecte est connu dans les diverses régions viticoles sous les noms de ver à tête noire, ver de l'été; Linné l'appelle *tostria* ou tordeuse. C'est un parasite des plus dangereux, et dont les Latins connaissaient les mœurs, puisque Plaute, dans une de ses comédies décrit la façon dont la chenille tord les feuilles en les enveloppant avec les soies qu'elle sécrète. Victor Audoin a donné une monographie définitive de la pyrale.

C'est à l'état de chenille, d'un vert jaunâtre, avec la tête noire, que l'insecte exerce ses ravages, en dévorant le parenchyme des feuilles tendres et même les fleurs et les grains. Le papillon apparaît en juillet. Il est jaune avec des bandes brunes. Il s'accouple immédiatement et la femelle pond de 30 à 100 œufs, qui éclosent après dix jours et vont se fixer dans des fissures de l'écorce pour commencer leur dévastation au printemps.

C'est un vigneron de Romanèche, Benoît Raclet, qui eut l'idée, en 1838, d'échauder les souches de février à mars pour détruire l'insecte encore jeune.

On répand l'eau chaude sur la souche, de bas en haut, en évitant de mouiller les bourgeons. L'opération se fait après la taille et avant le débourrement.

L'altise. — Les ravages de cet insecte, pour intermittents qu'ils soient — il ne sévit guère qu'après un hiver d'une douceur exceptionnelle — n'en sont pas moins appréciables, car il multiplie prodigieusement. Ce coléoptère, appelé aussi *bleuette* ou puce de la vigne, a le corps allongé, d'un vert métallique, la larve est jaune, puis noire, après avoir passé par le brun. L'insecte commet ses déprédations sous les deux formes. Il ronge les feuilles, n'en laissant que les nervures.

On chasse la pyrale à l'état parfait avec des pièges formés de broussailles, mais c'est l'hiver qu'on la détruit le plus facilement, ou mieux qu'on l'éloigne en soufflant sur la plante de la fleur de soufre mélangée de chaux, de la poudre de pyrèthre, et même, suivant M. Blanchard, de la simple poussière des routes. D'autres enfin préconisent les pulvérisations de sulfate de potasse.

En tout cas, une précaution élémentaire c'est de supprimer les feuilles sur lesquelles la femelle a déposé ses œufs par plaques très visibles. Nous conseillerons également de ne jamais planter de crucifères — la carotte par exemple — dans le voisinage des vignes, car on a remarqué que les champs qui en sont semés se couvrent de milliers d'altises dès que la graine a commencé à lever.

L'eumolpe ou gribouri. — Encore une très ancienne maladie que le *gribouri*, car nous la trouvons décrite dans le *Manuel des champs*, de M. de Chanvalon, qui parut en 1764. L'eumolpe ou gribouri, qui a donné son nom à la maladie dont il est l'auteur, est un coléoptère dont la longueur ne dépasse pas 6 millimètres. Il passe l'hiver en terre, attaché au pied des ceps, surtout des jeunes vignes, dont il ronge les racines les plus tendres. En mai il sort de terre et s'attaque au feuillage; dont il se se nourrit, pique les boutons à fruit, les jeunes pousses, ce qui cause souvent la perte du nouveau bois.

L'eumolpe se multiplie rapidement. Pressé par un danger quelconque, il contracte ses pattes et ses antennes et se laisse tomber à terre. Les projections de fleur de soufre l'éloignent. On peut en débarrasser aussi la vigne en semant des pieds de fève dont il affectionne aussi le feuillage. Il se loge aussi dans les fumiers que l'on étend au pied des vignes, et dans ce cas on fera bien de les brûler et de se servir comme engrais de leurs cendres.

Parmi les autres maladies de la vigne nous mentionnerons :

Le Lopus albomarginatus, insecte assez dangereux. Ce

nouveau parasite de la vigne a été décrit par le Dr Partrigeon dans une brochure spéciale; le *Comothyrium* ou Xot blanc et le *Dematophora necatrix*, deux champignons parasites; la *Fumagine*, produite par le *Fumago vagoms* causé par les déjections de certains insectes, entre autres la cochenille; la maladie *pectique*, déterminée par les grandes sécheresses; la *Cochenille* des vignes du Chili, étudiée par M. Valery-Mayet; le *Roncet* ou *Gommose bacillaire*, le *Mal nero* des Italiens, appelé autrefois *Cottis*; le *Vesperus*, la *Ghelivure*, la *Brunissure*.etc. (1)

On voit que cette plante précieuse a bien des ennemis, et que ce n'est pas trop de la science et du zèle de notre Direction de l'Agriculture pour les combattre avec une efficacité d'autant plus certaine que les viticulteurs abandoneront ce système de routine et de négligence, qui a si longtemps permis au redoutable phylloxera d'étendre ses ravages dans notre pays.

1. Tout récemment, M. Couanon a décrit deux insectes nuisibles, l'*Ecrivain* et la *Lisette*, qui s'attaquent aux vignes de la Champagne, le premier dangereux à l'état de larve, et le second encore plus néfaste. On détruit ces deux insectes par l'opération du *ramassage*, qui consiste à placer sous la vigne un entonnoir évasé et à secouer le plant. On brûle les insectes recueillis ainsi que les feuilles roulées de la vigne qui renferment les œufs de la *Lisette*.

Décret du 26 décembre 1878.

portant règlement d'administration publique pour l'exécution de la loi du 15 juillet 1878 sur le phylloxera.

Le Président de la République française,......

DÉCRÈTE :

TITRE PREMIER

du Phylloxera

ARTICLE PREMIER. — Dès que la présence du phylloxera est signalée dans un vignoble d'une contrée considérée comme indemne, le préfet, conformément à l'article 3 de la loi du 15 juillet 1878, envoie immédiatement le professeur d'agriculture et, avec lui, s'il y a lieu, un ou plusieurs membres des comités d'études et de surveillance, qui seront chargés de faire les recherches et constatations nécessaires pour déterminer l'origine et la date de l'invasion, le nombre et l'étendue des points attaqués, la nature du terrain et sa situation topographique, les délégués adressent au préfet un rapport sommaire, dont copie est transmise d'urgence au Ministre de l'Agriculture et du Commerce.

ART. 2. — Dans un délai de six jours au plus, à partir de la réception du rapport, le préfet convoque, à la mairie de la commune ou d'une des communes sur le territoire desquelles le fléau a été constaté, les propriétaires des vignes phylloxérées ou leurs représentants.

Cette réunion est présidée par le préfet, ou, à son défaut, par le sous-préfet de l'arrondissement ou un des conseillers de préfecture.

Le président provoque et recueille les dires des propriétaires; il les invite à déclarer s'ils sont disposés à appliquer dans leurs vignes l'un des traitements approuvés par la Commission supérieure du phylloxera et à demander, dans ce cas, le concours de l'Administration; il rappelle aux intéressés les termes de la loi du 15 juillet 1878, et leur fait connaître que les vignes malades peuvent être soumises à un traitement par voie administrative.

Le procès-verbal de la réunion est immédiatement transmis à la préfecture.

Art. 3. — Le préfet convoque, dans le plus bref délai, la Commission départementale, lui soumet le rapport des délégués, le procès-verbal de la réunion des propriétaires, et il invite la Commission à donner son avis sur les mesures à prendre.

Art. 4. — Dans le délai de deux jours, le préfet transmet au Ministre son rapport, en y joignant toutes les pièces, ainsi qu'une carte sur laquelle les territoires envahis par le phylloxera sont teintés en rouge.

Art. 5. — Aussitôt après la réception de ces documents, le Ministre de l'Agriculture réunit la section permanente de la Commission supérieure du phylloxera et arrête, sur son avis, le mode et la nature du traitement à appliquer, l'étendue ou le périmètre des vignobles à traiter et de ceux sur lesquels l'action administrative devra être, s'il y a lieu, substituée à celle des propriétaires.

Cette décision est transmise immédiatement au préfet, qui doit prendre, sans délai, les mesures nécessaires pour en assurer l'exécution.

Art. 6. — Dans le cas où, sur l'avis de la section permanente de la Commission supérieure du phylloxera, le Ministre prescrit la submersion comme traitement des vignes attaquées par le fléau, le préfet charge les ingénieurs du département de faire exécuter les travaux exigés par cette opération.

Art. 7. — Lorsque, dans les départements envahis, des fonds ont été votés par un Conseil général ou un Conseil municipal pour aider les propriétaires qui traitent leurs vignes suivant l'un des modes approuvés par la Commission supérieure du phylloxera, le préfet adresse au Ministère de l'agriculture une ampliation certifiée des délibérations du Conseil général ou du Conseil municipal.

Le Ministre, conformément à l'article 5 de la loi du 15 juillet 1878, accorde une subvention égale aux sommes régulièrement votées.

Art. 8. — Le préfet nomme une Commission chargée, sous sa présidence, de surveiller l'emploi du fonds commun constitué conformément à l'article précédent.

Cette Commission est composée d'un représentant de l'Administration pris dans les services financiers, d'un membre du Conseil général et d'un membre des Comités d'étude et de surveillance.

Au cas où une subvention a été votée par un Conseil municipal, un quatrième membre, pris dans ce Conseil municipal, est adjoint à la Commission, mais il ne participe à ses travaux qu'en ce qui concerne la commune.

Les demandes en participation aux subventions de l'État et du département ou de la commune sont examinées par la Commission, qui fait ses propositions au préfet sur le chiffre de la somme à accorder et les conditions sous lesquelles la demande peut être admise.

L'ordonnancement des sommes accordées par l'État est fait au nom du préfet, qui ne doit les mandater qu'au fur et à mesure de l'avancement des travaux et proportionnellement aux dépenses effectuées sur ressources locales.

Fait à Versailles, le 26 décembre 1878.

Maréchal de Mac-Mahon,
duc de Magenta.

Par le Président de la République :

Le Ministre de l'Agriculture et du Commerce.
Teisserenc de Bort.

TABLE DES MATIÈRES

Le Gérant : Henri Gautier.

Imp. Noizette et Cie, 8, rue Campagne-1re. Paris.

A
B

www.ingramcontent.com/pod-product-compliance
Ingram Content Group UK Ltd.
Pitfield, Milton Keynes, MK11 3LW, UK
UKHW020359250726
13967UKWH00005B/2381